BEI GRIN MACHT SICH IHR WISSEN BEZAHLT

- Wir veröffentlichen Ihre Hausarbeit,
  Bachelor- und Masterarbeit

- Ihr eigenes eBook und Buch -
  weltweit in allen wichtigen Shops

- Verdienen Sie an jedem Verkauf

Jetzt bei www.GRIN.com hochladen
und kostenlos publizieren

GRIN

Bibliografische Information der Deutschen Nationalbibliothek:

Die Deutsche Bibliothek verzeichnet diese Publikation in der Deutschen National-
bibliografie; detaillierte bibliografische Daten sind im Internet über http://dnb.d-
nb.de/ abrufbar.

Impressum:

Copyright © 2020 GRIN Verlag
Druck und Bindung: Books on Demand GmbH, Norderstedt Germany
ISBN: 9783346195371

Dieses Buch bei GRIN:

https://www.grin.com/document/594733

Marvin Heyse

Aus der Reihe: e-fellows.net stipendiaten-wissen

e-fellows.net (Hrsg.)

Band 3404

Additive Fertigungstechnik. Eigenschaften, Ablauf und Gegenüberstellung zur konventionellen Fertigung

GRIN Verlag

GRIN - Your knowledge has value

Der GRIN Verlag publiziert seit 1998 wissenschaftliche Arbeiten von Studenten, Hochschullehrern und anderen Akademikern als eBook und gedrucktes Buch. Die Verlagswebsite www.grin.com ist die ideale Plattform zur Veröffentlichung von Hausarbeiten, Abschlussarbeiten, wissenschaftlichen Aufsätzen, Dissertationen und Fachbüchern.

Besuchen Sie uns im Internet:

http://www.grin.com/

http://www.facebook.com/grincom

http://www.twitter.com/grin_com

Assignment

Cyberphysische Systeme – CPS –*4
Additive Fertigungstechnik – AF– additive manufacturing – AM

25.04.2020

I. Abbildungsverzeichnis

II. Tabellenverzeichnis

III. Abkürzungsverzeichnis

Abkürzung	Bedeutung
AF	Additive Fertigungstechnik
AM	Additive Manufacturing
APF	Arburg Plastic Freeforming
BJ	Binder Jetting
CAD	Computer aided design
CDLP	Continuous Digital Light Processing
CNC	Computer numeric control
DLP	Digital Light Processing
DMD	Direct Metal Deposition
DMLS	Direct Metal Laser Sintering
DOD	Drop on Demand
EBAM	Electronic Beam Additive Manufacturing
EBM	Electron Beam Melting
FDM	Fused Deposition Modelling
FT	Fertigungstechniken
HIP	Hot isostatic pressure
LENS	Laser Engineering Net Shape
LOM	Laminated Object Manufacturing
MJF	Multi Jet Fusion
MJM	Multi Jet Modelling
NPJ	Nano Particle Jetting
PJ	Poly Jetting
SLA	Stereolithography
SLM	Selective Laser Melting
SLS	Selective Laser Sintering
STL	Standard Triangulation/Tesselation Language
WS, WST	Werkstück
WZ	Werkzeuge
WZM	Werkzeugmaschinen

IV. Inhaltsverzeichnis

1. Einleitung

Dieses Assignment entstand im Rahmen des Moduls „Interdisziplinäre Kompetenz" und befasst sich mit konventioneller und additiver Fertigungstechnik. Hierbei wird das additive Verfahren beschrieben und derzeit verfügbare Umsetzungen aufgezeigt. Ebenso werden die additiven Verfahren den konventionellen Verfahren gegenübergestellt und bewertet.

1.1 Relevanz

Die frühsten Patente auf additive Fertigungsverfahren entstanden bereits in den 80er Jahren des vergangenen Jahrhunderts (Gibson et al. 2015, S. 37). Zu dieser Zeit waren die Verfahren jedoch aufgrund der fehlenden informationstechnischen Kapazitäten noch sehr eingeschränkt. Als sich gegen Ende des Jahrhunderts die Informations- und auch die Lasertechnik deutlich weiterentwickelte, wurden die additiven Fertigungsverfahren ebenfalls stark weiterentwickelt und neue Verfahren erschaffen. Gleichzeitig kam es zu ersten Einsatzbereichen, insbesondere im Automobil- und Luftfahrtbereich. Heute, 30 Jahre später, ist additive Fertigung ein weit bekanntes jedoch nur selten genutztes Fertigungsverfahren. In der vorliegenden Arbeit werden daher die Systematik und Eigenschaften sowie der grundsätzliche Ablauf von additiver Fertigung aufgezeigt. Weiter wird auf die Unterschiede, also auf die Vor- und Nachteile, gegenüber konventioneller Fertigung eingegangen, (potenzielle) Anwendungsbereiche aufgezeigt und die Lebensdauer der Werkstücke betrachtet. Die Arbeit schließt mit einer Rekapitulation und einem Ausblick. Dadurch soll ein umfassender, ausreichend detaillierter Überblick über die additive Fertigung und deren Potenzial gegeben werden, wodurch sich der Autor, und andere, diese Technologie näherbringen und sie als mögliche Lösung für künftige fertigungstechnische Herausforderungen wahrnehmen soll.

2. Definition "Additive Fertigung"

Im folgenden Abschnitt wird eine allgemeine Definition des Begriffs der additiven Fertigung entwickelt und anschließend den konventionellen, subtraktiven Fertigungstechniken gegenübergestellt und abgegrenzt.

2.1 Grundprinzip und Definition von additiver Fertigung

Ausgehend von der Definition des Beuth-Verlags, angelehnt an die Normen VDI 3405 und DIN EN ISO/ASTM 52900, werden als additive Fertigungsverfahren, auch *additive manufacturing* (AM) genannt, Herstellungsprozesse bezeichnet, bei denen auf Grundlage von dreidimensionalen Modellen schichtweise Bauteile hergestellt werden. Weitere gebräuchliche Begriffe sind *generative Fertigung*, *Schichtbauweise* oder auch *Schichtbauprinzip* (vgl. Beuth Verlag GmbH). Insbesondere die beiden letzten Begriffe betonen die Herstellung eines Bauteils durch schichtweises Materialauftragen.

An dieser Stelle soll auch betont werden, dass der umgangssprachliche 3D-Druck nur für eine Art der additiven Fertigung steht.

Bei den generativen Fertigungstechniken wird abhängig vom Einsatzbereich des erzeugten Bauteils nochmals differenziert. So wird der Begriff *additive manufacturing* nur für die Herstellung von Serienprodukten verwendet (Fritz 2018, S. 116). Weitere Anwendungsbereiche sind nach Fritz: Rapid Prototyping, Rapid Tooling und Rapid Manufacturing. Die Differenzierung zwischen Rapid Manufacturing und AM erfolgt lediglich über die Stückzahl bzw. Losgröße des hergestellten Bauteils. Eine konkrete Grenzstückzahl wird nicht genannt.

Die bereits genannten Definitionen decken sich mit den in der Literatur häufig genannten. Daher wird für die vorliegende Arbeit folgende Definition getroffen und genutzt; *Additive manufacturing*, kurz: AM oder auch additive Fertigung, bezeichnet die schichtweise, werkzeuglose Herstellung von Bauteilen in (Groß-)Serien. Die Erzeugung der Bauteile erfolgt doch Materialzugabe und basiert auf einem dreidimensionalen, digitalen Modell. Sämtliche Fertigungsverfahren von AM gehören zur Gruppe der Urformverfahren gemäß DIN 8580.

2.2 Abgrenzung zu konventionellen Fertigungstechniken

Die Abgrenzung von additiven Fertigungsverfahren zu konventionellen, subtraktiven Fertigungstechniken erfolgt hauptsächlich über die, oben bereits genannte, Eingruppierung der Fertigungsverfahren nach DIN 8580. So gehören konventionelle Fertigungsverfahren zur Herstellung von Bauteilen zumeist der Gruppe „Trennen" an. Die Verfahren der Gruppe „Trennen" zeichnen sich durch die Formgebung mittels Materialabtrag aus und beinhaltet daher immer eine örtliche Aufhebung des Materialzusammenhalts, bspw. Fräsen (vgl. DIN 8580). Als weitere Verfahrensgruppe für die konventionelle Formgebung von Bauteilen können die Verfahren der Gruppe „Umformen" genannt werden. Bei den Verfahren der Gruppe „Umformen" wird aus einem bestehenden Halbzeug über Formänderung das herzustellende Bauteil geformt (z. B. Tiefziehen). Während des Umformens wird weder Material hinzugefügt noch entfernt. Die meisten umgeformten Bauteile werden anschließend nochmals durch ein Verfahren der Gruppe „Trennen" bearbeitet. Durch diesen nachgelagerten Schritt unterscheiden sich die umgeformten Bauteile von den Bauteilen, die mittels AM hergestellt wurden und je nach Einsatzgebiet ohne Nacharbeit nutzbar sind. Die Norm DIN EN ISO/ASTM 52900 grenzt die AM-Verfahren ebenfalls gegenüber den Umformverfahren ab.

Üblicherweise durchlaufen konventionell hergestellte Bauteile die drei Schritte Urformen, Umformen und Trennen. Die generativ hergestellten Bauteile hingegen entstehen bereits im Prozessschritt Urformen. Beide Bauteile können anschließend für die Prozesse Fügen und Beschichten eingesetzt werden. Die werkstoffabhängigen Einschränkungen für die Verfahrensgruppe „Materialeigenschaften ändern" betrifft die Bauteile gleichermaßen.

3. Ausprägungsarten

Im folgenden Abschnitt werden die additiven Fertigungsverfahren systematisiert, die derzeit nutzbaren Werkstoffgruppen genannt und die Grenzen hinsichtlich der Genauigkeit beleuchtet.

3.1 Systematik additiver Fertigungsverfahren

Teilt man die AM-Verfahren gemäß der DIN EN ISO/ASTM52900 ein, können die einzelnen Verfahrensarten in die folgenden Gruppen eingeteilt werden:

- Freistrahl-Bindemittelauftrag

- Materialauftrag mit gerichteter Energieeinbringung
- Materialextrusion
- Freistrahl-Materialauftrag
- pulverbettbasiertes Schmelzen
- Schichtlaminierung
- badbasierte Fotopolymerisation

Diese Einteilung deckt sich weitestgehend mit der Einteilung nach VDI 3405. In der Literatur finden sich noch zusätzliche Verfahren wie *fused deposition modelling* (FDM), *poly jet modelling* (PJM), *multi jet printing* (MJP), etc. Eine umfangreiche Übersicht über die verfügbaren Technologien und deren Einteilung ist in Abb. 1 dargestellt.

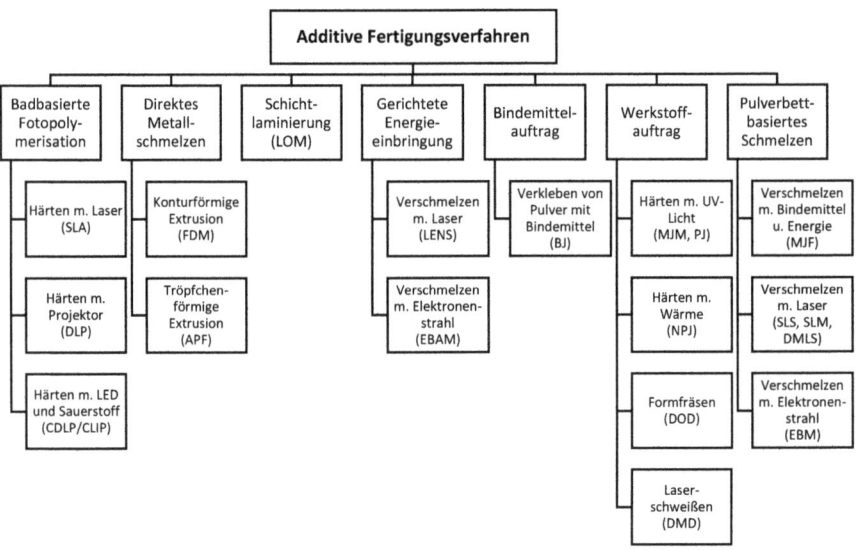

Abb. 1: Systematik der additiven Fertigungsverfahren, (Eigene Darstellung, in Anlehnung an Sulzer AG)

Eine Kurzerklärung der einzelnen Verfahren findet sich unter Tabelle 3 im Anhang.

Die einzelnen Verfahren und Verfahrensarten in Abb. 1 können durch ihr Grundprinzip nochmals gruppiert werden. Hierzu wird zwischen der ersten und zweiten Ebene noch eine weitere Ebene eingefügt und die einzelnen Verfahrensarten zugeordnet.

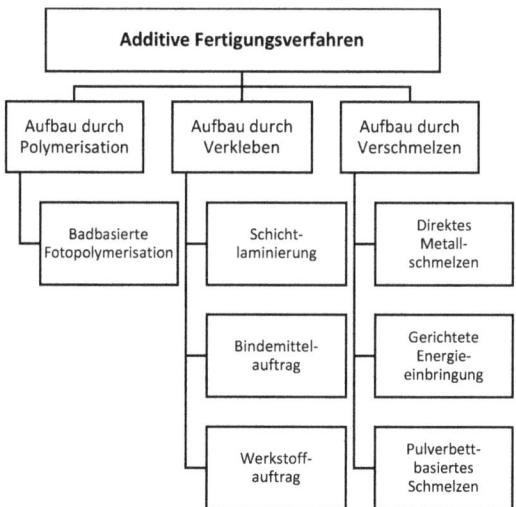

Abb. 2: Systematik der additiven Verfahrensarten, gruppiert nach Grundprinzip

Dementsprechend lassen sich die diversen Fertigungsverfahren auf lediglich drei Grundprinzipien zurückführen. Manche Autoren führen statt drei auch vier Kategorien, wobei die Schichtlaminierung als eine extra Klasse *solide Schichten* (engl. „solid sheets") aufgeführt wird (Gibson et al. 2015, S. 30).

3.2 Verwendbare Werkstoffe

Die Palette der verwendbaren Werkstoffe für additive Fertigungsverfahren ist, ähnlich wie die Anzahl der verfügbaren Verfahren, in den letzten Jahren gewachsen. So wurden zunehmend Verfahren etabliert, die auch Werkstoffe aus Metallen herstellen können. Die derzeit gängigen, und in einem wirtschaftlichen Rahmen verfügbaren, Werkstoffe sind (vgl. Müller 2020):

- Papier,
- Polymere und thermoplastische Kunststoffe,
- Metalle wie Aluminium, Stähle und Titan,
- Keramik wie bioaktive Keramiken, Carbide, Oxide und Silikate.

Von diesen Werkstoffen ist Papier der mit Abstand am einfachsten und am günstigsten zu verarbeitende. Jedoch sind die Verwendungszwecke eines Werkstücks aus Papier stark begrenzt.

Polymere und thermoplastische Kunststoffe werden als Strangmaterial, bspw. von einer Rolle, für FDM und APF genutzt. Fotopolymere, d. h. durch Licht aushärtende Polymere, werden in der Stereolithografie eingesetzt. Ein weiterer Einsatzbereich ist Lasersintern (SLS), wo meist Polyamide und Metalle genutzt werden. Solche Polymerwerkstoffe, die für hoch entwickelte, anspruchsvolle additive Fertigungsverfahren geeignet sind, sind jedoch schwierig herzustellen, wodurch sich eine Werkstoffknappheit ergibt, die die Werkstoffkosten steigen lässt.

Als metallische Werkstoffe für generative Fertigungsverfahren kommen Edel- und Werkzeugstähle, Aluminium, Titan, Kobalt-Chrom und Nickel-Basis-Legierungen infrage. Die Werkstoffgruppe der Keramiken weist durch die Untergruppe der bioaktiven Keramiken ein erhebliches Potenzial auf. So können Werkstücke aus Hydroxylapatit[1] im BJ-Verfahren hergestellt und dabei die Porosität des natürlichen Materials im menschlichen Körper nachgeahmt werden. Weitere Calciumphosphate sind ebenfalls mittels BJ-Verfahren verwendbar. Siliciumcarbide kommen dagegen beim SLS-Verfahren zum Einsatz, müssen jedoch anschließend, wie die Calciumphosphate, ebenfalls thermisch behandelt werden, um ihre endgültige Festigkeit zu erreichen.

Es wird derzeit auch an organischen Werkstoffen, bspw. zur Modellierung von Organen, geforscht.

3.3 Genauigkeit der Verfahren

In diesem Abschnitt wird die Genauigkeit der in Abschnitt 3.1 beschriebenen Verfahren dargestellt und mit den üblichen Genauigkeiten von konventionellen, subtraktiven Herstellverfahren vergleichen. Unter Genauigkeit wird hier insbesondere die Maßhaltigkeit aber auch die Oberflächenrauheit verstanden.

Im Gegensatz zu konventionellen Fertigungsverfahren können bei additiven Fertigungstechnologien keine typischen Toleranzen respektive Toleranzfelder angegeben werden. So forscht ein Team der Universität Paderborn seit einiger Zeit zwar daran möglichst konkrete Toleranzen anzugeben, jedoch sind diese, wie bei den verschiedenen konventionellen Technologien auch, von den verschiedenen Verfahren

---

[1] Hauptbestandteil von Zahnschmelz, Zahnbein und ein großer Bestandteil von Knochen.

abhängig. Dennoch hat die Forschungsgruppe um Lieneke et al. im Jahr 2016 eine Toleranztabelle erstellt, die die erreichbaren Toleranzklassen von FDM darstellt.

Process	IT classes										
	7	8	9	10	11	12	13	14	15	16	17
Casting											
Sintering											
Drop forging											
Milling											
Cutting											
Turning											
Drilling											
Planning											
Stripping											
FDM											
x											
y											
z											

Abb. 3: Übersicht über ISO-Toleranzklassen verschiedener Fertigungstechnologien (Lieneke et al. 2016)

Die Toleranzklassen für FDM setzen sich hierbei auf den einzelnen Toleranzklassen der jeweiligen Achsenrichtungen zusammen. Diese Achsenrichtungen sind unmittelbar bestimmend für die erreichbare Toleranzklasse. Die Hochachse (Richtung in die das Bauteil angehoben oder abgesenkt wird) wird maßgeblich durch die Schichtdicke bestimmt. Die Schichtdicke ist hingegen wieder abhängig vom verwendeten Werkstoff und dem Verfahren. Um so feiner die Schichtdicke, desto geringer fällt der „surface stair effect" (wörtlich: Oberflächentreppenstufeneffekt) aus. Bei großer Schichtstärke wird eine nicht senkrecht verlaufende Oberfläche eine Art Treppenstufenform erhalten, wie in Abb. 4 dargestellt. Diese muss nach der Fertigung geglättet werden.

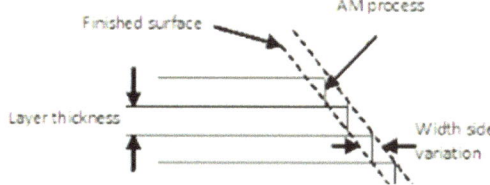

Abb. 4: Darstellung des "surface stair effect", (Umaras und Tsuzuki 2017)

Tabelle 1: Schichtdicken verschiedener Verfahren nach Moritz

Verfahren	Werkstoff	Schichtdicke (und laterale Auflösung LA)
Binder Jetting	(Nicht-)Oxide, (Hart-) Metalle, Gips, Hydroxilapatit, Glaspulver	87,5 – 100 µm
Selektives Laser Sintern	Siliziumcarbid, Glaspulver, (Hart-) Metalle, Hydroxylapatit, Keramiken mit Glasphasenanteil	0,02 – 0,2 mm
Digital Light Processing (lithographiebasierte Keramikfertigung)	Aluminiumoxid/-nitrit, Zirconiumoxid, Hydroxylapatit, Glaspulver, Siliciumnitrit	5 -100 µm (LA: 40 µm)
Fused Deposition Modelling (thermoplastischer 3D-Druck)	Aluminiumoxid, Zirconiumoxid, Siliciumnitrit, Hartmetall (WC-Co), Edelstähle	50 -100 µm (LA: 200 µm)
Drop-on-Demand (Inkjet- und Aerosoldruck)	Metalle / Metalle, Glas, Keramik, Polymere	0,1 – 1 µm (LA: 50 µm) / 0,5 – 5 µm (LA: 10 µm)

Wie in Tabelle 1 jedoch erkennbar ist, ist die laterale Auflösung meist höher als die Schichtdicke. Das bedeutet, dass die Verstelleinheit der Produktionsmaschine an ihre Grenzen stößt und dadurch zum limitierenden Element wird. Demnach ist neben dem Werkstoff und dem Verfahren auch die Maschine bestimmend für die Qualität, Formtreue und Oberflächengenauigkeit des Werkstücks. Das wiederum bedeutet, dass sich generelle, maschinenunabhängige Werte nur bedingt ermitteln lassen.

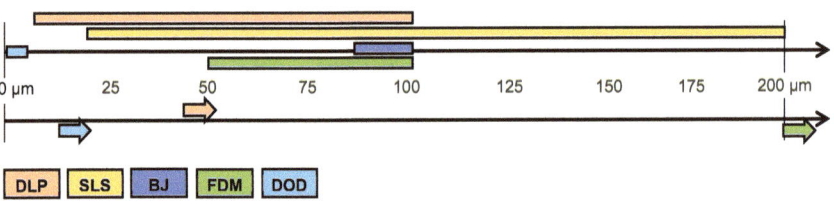

Abb. 5: Übersicht über Schichtdicken (oben) und laterale Auflösung (unten)

Werden nun die konventionellen Fertigungsverfahren betrachtet, wird auch hierbei festgestellt, dass die Bearbeitungsgenauigkeit von der Maschine und (insbesondere bei trennenden Verfahren) vom Werkzeug abhängt. Aus Abb. 3 wird für die Toleranzklassen für Fräsen, Bohren, Schneiden und Drehen ersichtlich, dass lediglich Drehen einen besseren Toleranzgrad (gegenüber FDM) erreichen kann. Da FDM allerdings im

Vergleich zu anderen AM-Verfahren eine höhere Schichtdicke und einen größeren Wert für die laterale Auflösung aufweist, ist anzunehmen, dass andere Verfahren ähnliche Toleranzgrade erreichen können wie die drehende Bearbeitung.

Zusammenfassend lässt sich sagen, dass die Bearbeitungs- bzw. Herstellgenauigkeit sowohl vom Werkzeug (Fräser, Bohrer, etc.) bzw. dem Verfahren (Laserdurchmesser, etc.) als auch insbesondere von der Genauigkeit der Maschine, hier der Positionierungsgenauigkeit des Werkzeugs bzw. des Werkstücks, abhängt. Diese Aussage wird durch Gibson et al. 2015, S. 12, bestätigt.

Bei dieser Einschätzung wird jedoch zugrunde gelegt, dass die Maschinen für die additive Fertigung als prozessstabil anzunehmen sind. Dass dies nicht zwingend angenommen werden kann, hat Mendricky mit seinen Untersuchungen an einer FDM-Maschine 2016 gezeigt. Während der Studie wichen die gefertigten Abmessungen deutlich von den angegebenen Toleranzwerten der Maschine ab. Er begründet diese Abweichungen in erster Linie durch die Herstellungsgeschwindigkeit und durch Schrumpfungs- und thermische Prozesse. Es ist daher anzunehmen, dass die Maschinenkennwerte nur unter idealen Voraussetzungen (Materialausbringungsrate, Geschwindigkeit, Geometrie, ausreichende Stützstruktur, etc.) auftreten.

4. Herstellprozess eines generativ hergestellten Werkstücks

Dieser Abschnitt des vorliegenden Assignments behandelt den Herstellprozess eines generativ hergestellten Werkstücks. Hierbei soll der vollständige Prozess, beginnend beim Computer-aided-Design (CAD) und endend beim realen Einsatz, abgebildet werden. Da sich die grundsätzlichen Abläufe und Prozessschritte bei der Konstruktion und Fertigung eines additiv gefertigten Werkstücks ähneln, wird hier der generische Ablauf beschrieben (vgl. Gibson et al. 2015, 4ff.; Niu et al. 2019) und beispielhaft anhand des SLS-Verfahrens (vgl. Schmid 2016) dargestellt.

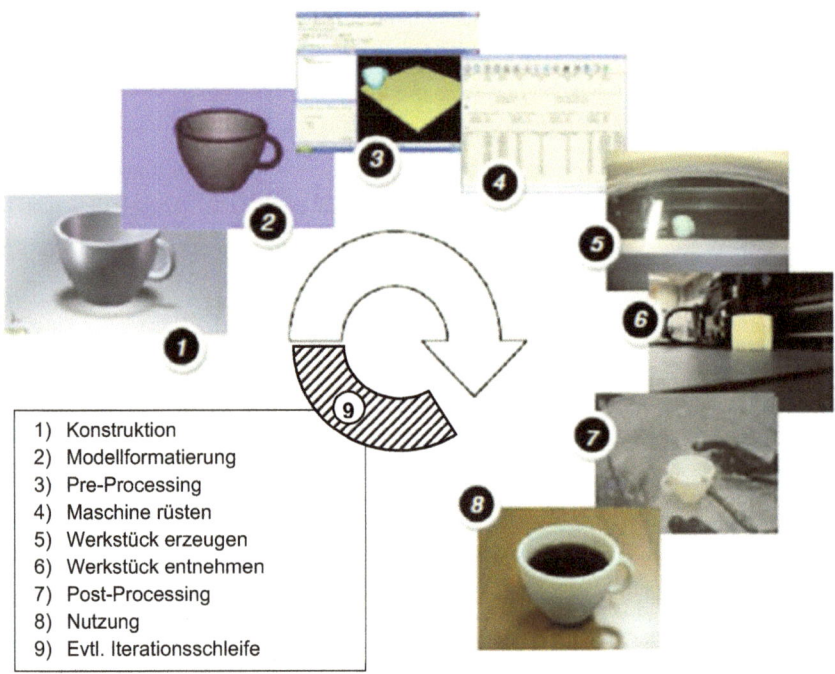

1) Konstruktion
2) Modellformatierung
3) Pre-Processing
4) Maschine rüsten
5) Werkstück erzeugen
6) Werkstück entnehmen
7) Post-Processing
8) Nutzung
9) Evtl. Iterationsschleife

Abb. 6: Generischer Prozess zur Erzeugung eines AM-Werkstücks, in Anlehnung an Gibson et al. 2015

Konstruktion (CAD)

Das zu fertigende Werkstück muss vollständig durch ein 3D-Modell beschrieben werden. Wichtig ist hierbei, dass das Modell ein *Solid*, also ein ausgefülltes Modell, ist und nicht durch ein Flächenmodell erzeugt wurde. Beim *Reverse-Engineering*, auch als eine Art Nachbau zu verstehen, wird ein vorhandenes Bauteil mittels 3D-Scannern erfasst und anschließend zu einem soliden 3D-Modell transformiert. Generell sollte die Konstruktion des Werkstücks bereits die additive Fertigung berücksichtigen, da sich die Konstruktionsprinzipien dieser Werkstücke deutlich von konventionell hergestellten unterscheiden und bspw. bionische Ansätze besser berücksichtigt werden können (siehe hierzu u.a. Poll 2019).

Modellformatierung

Nachdem das 3D-Modell fertiggestellt wurde, wird dieses üblicherweise in das Oberflächenmodellformat STL gebracht. Dieses Format wird von den meisten CAD-

Werkzeugen unterstützt und beinhaltet lediglich die Oberflächen des Werkstücks und keine Konstruktionsschritte/-bäume aus dem CAD-Programm. Es gehört damit zu den so genannten *native formats*. Dieses Format bildet die Grundlage zur Erzeugung der einzelnen Schichten. Bei der Erzeugung des STL-Modells ist auf eine ausreichende Auflösung der Oberfläche zu achten. Eine zu geringe Auflösung kann zu einer ungenauen und fehlerhaften Oberfläche des Werkstücks führen, da bspw. ein kreisförmiger Laserstrahl keine scharfen Ecken ausprägen kann und diese Punkte im *Pre-Processing* interpoliert werden.

Pre-Processing

Beim *Pre-Processing* werden die Maschinendaten für das erzeugte STL-Modell erzeugt. Diese sind abhängig von den Maschinenparametern wie bspw. Geschwindigkeit, Material, Schichtdicke und Verfahrenswege. In diesem Schritt sind weitere Korrekturmaßnahmen hinsichtlich Größe (Schrumpfzugaben), Position und Ausrichtung möglich.

Maschine rüsten

Beim Rüstprozess müssen die Parameter aus dem Pre-Processing (Materialinformationen, Schichtdicke, etc.) in die Einstellungen der Produktionsmaschine übernommen werden.

Werkstück erzeugen

In diesem Schritt erzeugt die Maschine das Werkstück weitestgehend selbstständig. Lediglich die Materialzufuhr und ggf. auftretende Fehler sind durch den Bediener zu prüfen.

Werkstück erzeugen im SLS-Verfahren

Durch die Maschine wird schichtweise der Werkstoff, ca. 100 µm dick, aufgetragen und auf Prozesstemperatur erwärmt. Anschließend wird die schichtspezifische Bauteilgeometrie durch einen Laser mittels Ablenkspiegeln im Werkstoff beschrieben. Dadurch schmilzt der Werkstoff an diesen Stellen und verbindet sich mit der darunterliegenden Schicht. Ist die Geometrie vollständig abgedeckt, wird das Werkstück abgesenkt, eine neue Materialschicht aufgetragen und der Prozess wiederholt sich.

Werkstück entnehmen

Das Werkstück wird durch den Bediener aus der Maschine entnommen. Hierbei muss ggf. überflüssiges Material vom Werkstück entfernt werden. Dieses sollte in der Maschine verbleiben, damit es für Folgeaufträge genutzt werden kann.

Post-Processing

Bei der Werkstücknachbehandlung wird das Werkstück vollständig gereinigt, eventuell vorhandene Stützstrukturen entfernt und Oberflächen können nachbearbeitet werden. In einigen Fällen ist eine Wärmebehandlung Bestandteil des Post-Processing-Schrittes.

Fertigstellung und Nutzung des Werkstücks

Vor dem endgültigen Einsatz des Werkstücks kann dieses noch beschichtet, detaillierter nachbearbeitet oder mit weiteren Bauteilen zusammengesetzt werden. Nach Abschluss dieser Schritt ist das Werkstück einsatzbereit und wird genutzt.

Iterationsschleife

In einigen Fällen wird eine Iterationsschleife notwendig sein, um das gewünschte Ergebnis zu erreichen. Hierbei kann sowohl das 3D-Modell als auch nur die Fertigungsdaten im Pre-Processing angepasst werden. Die Iterationsschleife enthält zwingend die Schritte 4-8.

5. Vor- und Nachteile additiv gefertigter Werkstücke

Der folgende Teil betrachtet die Vor- und Nachteile von additiv gegenüber konventionell gefertigten Werkstücken. Die Betrachtung wird hierfür in die Konstruktion und Herstellung sowie die Anwendung geteilt.

5.1 Konstruktion und Herstellung

Während der Konstruktion des Bauteils zeigen sich bereits die Vorteile des additiv gefertigten Bauteils durch geringere, fertigungsbezogene Einschränkungen bei der Gestaltung. Besonders zu betonen ist hierbei die deutlich größere Freiheit bei der Formgebung. So können Hinterschnitte und Hohlräume modelliert werden, die bei konventionellen Methoden nicht herstellbar wären. Dies eröffnet die Möglichkeit mehr und mehr bionische Ansätze einfließen zu lassen und die Materialverteilung an den Kraftfluss im Bauteil anzupassen (vgl. Lachmayer et al. 2019, S. 7). Hieraus ergeben sich unter anderem große Potenziale im Bereich des Leichtbaus. Ferner können bereits ganze

Funktionsgruppen, wie beispielsweise ein Drehgelenk, entworfen und als ein Fertigungsteil betrachtet werden. Dadurch entfallen Restriktionen für die Montage und gleichzeitig Produktionsschritte.

Bei der Modellierung von generativ gefertigten Bauteilen kommt es jedoch auch zu Einschränkungen. Oftmals sind Stützstrukturen notwendig, die anschließend entfernt werden müssen. Hierfür sind entsprechende Möglichkeiten wie Öffnungen vorzusehen. Ebenfalls ist bereits bei der Konstruktion die Belastungsrichtung zu berücksichtigen, da die Schnittstellen der Schichten der gefertigten Bauteile mögliche Schwachstellen sein können, ähnlich wie bei Faserverbundwerkstoffen (Scherkräfte senkrecht zur Faserausrichtung).

Die additive Fertigung eines Bauteils scheint gegenüber der konventionellen Fertigung auf den ersten Blick nachhaltiger, da kein überflüssiges Material erzeugt (z.B. urformen eines Stahlblocks) und anschließend wieder entfernt wird (z. B. zerspanende Bearbeitung des Stahlblocks). Bei einer genaueren Betrachtung sind die meisten generativen Fertigungsprozesse jedoch deutlich energieintensiver als bspw. eine herkömmliche Zerspanungsmaschine. Dies wurde auch durch Bierdel et al. in einer Studie zur ökologischen und ökonomischen Bewertung des Ressourcenaufwands von additiver Fertigung festgestellt (siehe Bierdel et al., S. 77). Ein weiteres Ergebnis dieser Studie ist, dass die, für die Studie gewählte, additive Fertigungsmethode insgesamt wider Erwarten deutlich rohstoffintensiver als die konventionelle Fertigung ist. Insgesamt belegte die Studie, die im September 2019 entstand, dass die Lifecycle-Costs für ein reales Bauteil bei konventioneller Fertigung ca. 1% bzw. ca. 2,2% der Kosten des additiv hergestellten Bauteils beträgt. Da die Studie erst kürzlich erschien und die derzeitigen Randbedingungen berücksichtigt wurden, werden die Kosten als aktuell und belastbar angesehen. Die Studienergebnisse könnten durch zukünftige Entwicklungen jedoch bald obsolet sein. Mit AM gefertigte Bauteile unterliegen, ebenfalls wie konventionell hergestellte Bauteile, generellen Größen- und Gewichtsrestriktionen durch die Kapazität der Bearbeitungsmaschine.

Die Fertigung von additiv hergestellten Bauteilen bietet bei Produktionsschritten mit einem geringen Wertschöpfungsanteil, zum Beispiel die Herstellung eines üblichen Flaschenöffners aus Metall, keine Vorteile. Die Fertigungstechnologie ist hierfür schlicht zu teuer und zu aufwendig. Wird dieser Flaschenöffner jedoch als *mass customized product* angeboten, könnte der Kunde die äußere Form bzw. Kontur des Flaschenöffners individuell vorgeben und herstellen lassen. Hierfür eignen sich die additiven Verfahren besser als die herkömmliche CNC-Zerspanung, da nicht verschiedene Werkstückgrößen vorgehalten werden müssen oder einzelne CNC-Programmanpassungen und damit verbundene Rüstzeiten notwendig werden (vgl. Kohlhuber et al. 2016, S. 7).

5.2 Anwendung und Nutzung

Additive Fertigungsverfahren wurden bereits seit den 1990er Jahren im Automobilbereich eingesetzt. Zu dieser Zeit war die Nutzung jedoch noch sehr eingeschränkt und wurde hauptsächlich als Prototyp für Anschauungs- und Haptikzwecke eingesetzt. Die Herstellung mechanisch belastbarer Bauteile im Rahmen des *Rapid Tooling* wurde um die Jahrtausendwende möglich. Heute werden additiv hergestellte Bauteile als Schmuck, im Medizin- und Dentalbereich, Automotive, Luft- und Raumfahrt und in vielen anderen Bereichen eingesetzt. Hier sollen die Vor- und Nachteile dieser Produkte in der Nutzung gegenüber konventionell gefertigten Bauteilen aufgezeigt werden.

Wie bereits unter 5.1 erwähnt, wird durch die additiven Fertigungsverfahren und die damit verbundenen Freiheiten bei der Formgebung ein beachtliches Leichtbaupotenzial möglich. In der Nutzung resultiert ein geringeres Gewicht meist in einem geringeren Energieverbrauch. Dieser Vorteil ist besonders für Luft- und Raumfahrt und den Automobilbereich relevant. Jedoch muss bedacht werden, dass durch die Optimierung eines einzelnen, vergleichsweise kleinen, Bauteils, wie in der Studie von Bierdel et al. angenommen, kaum eine Einsparung erreicht werden kann. Die größere Gestaltungsfreiheit kann weiter auch zu optimierten Bauteilen mit besseren fluidmechanischen Werten führen. So entwickelte der US-amerikanische Triebwerksbauer GE 2016 Einspritzdüsen, die mit DMLS hergestellt werden. Die einzelnen Düsen bestehen nur noch aus einem statt wie bisher aus 18 Bauteilen und sind 25% leichter. Durch integrierte Kühlkanäle konnte zudem die Standfestigkeit um das Fünffache verbessert werden. Unter anderem diese Faktoren verbesserten die Treibstoffeffizienz des Triebwerks um 15%. Durch die höheren Standzeiten reduziert sich zusätzlich der Wartungsaufwand des Triebwerks. (Winick 2017)

Auch für den Automotive-Bereich werden Einsparpotenziale durch die Nutzung von additiver Fertigung gesehen. Nach einer Studie von Böckin und Tillman, durchgeführt in 2018 und veröffentlich im April 2019, entstehen deutliche Energieeinsparungen durch den optimierten Leichtbau des Fahrzeugs. Allerdings geben die Autoren klar zu verstehen, dass mit der derzeitigen Technologiereife von additiven Fertigungsverfahren noch keine nennenswerte Umweltentlastung über den gesamten Lebenszyklus entsteht. Um dies zu erreichen, müssen die Produktionsmaschinen noch effizienter, das heißt ein geringerer Energiebedarf bei größeren Produktionsmengen, werden. Gleichzeitig sollten die verwendbaren Materialen niedrig-legiert, d. h. ohne Legierungszusätze wie Nickel, sein. Gemessen am aktuellen Technologiestand ist demnach die konventionelle subtraktive und reformierende Fertigung für die Massenproduktion von metallischen Werkstücken im Automobilbau noch führend. Für Verkleidungsteile aus Kunststoff, wie bspw. Frontschürzen und Lüftungsgitter, konnte sich die additive Fertigung im aktuellen Entwicklungsstand bereits etablieren.

Die Betrachtung von mechanischen Kennwerten und deren Einfluss auf die Nutzungsmöglichkeiten erfolgt im Kapitel „Bewertung der Lebensdauer gegenüber konventionell gefertigter Werkstücke".

6. Anwendungsbereiche

In den vorangehenden Abschnitten wurden bereits viele Anwendungsbereiche der additiven Fertigung genannt. Diese Anwendungsbereiche lassen sich in drei Hauptbereiche einteilen, wie in Abb. 7 dargestellt. Teilweise wird auch eine vierte Kategorie, Rapid Repair, genannt. Bei dieser wird ein defektes oder verschlissenes Bauteil schichtweise wiederhergestellt (Kohlhuber et al. 2016, S. 10). Dieser Bereich ist allerdings eine Sonderform, da die Bauteile nicht komplett neu generativ gefertigt werden, der hier nicht weiter betrachtet wird.

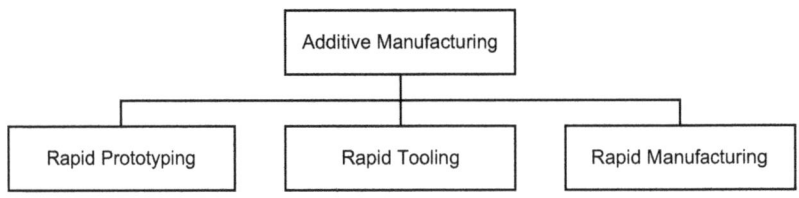

Abb. 7: Bereiche der additiven Fertigung (eigene Darstellung, angelehnt an Gebhardt 2012)

Innerhalb dieser drei Hauptanwendungsbereiche gibt es mehrere verschiedene Untergruppen. So wird das Rapid Prototyping, wie bereits erwähnt, schon seit Langem im Automobil- und Luftfahrtbereich, aber auch im Konsumgütermarkt, zur Veranschaulichung von Bauteilen genutzt. Dadurch kann bereits in einem frühen Projektstadium zum Beispiel die Haptik eines Bauteils erfasst werden. Durch neue Werkstoffe wie Metalle und Legierungen kommt Werkstücke, entstanden durch Rapid Prototyping, auch zunehmend zu Test- und Erprobungszwecken zum Einsatz. Insbesondere bei fluidmechanischen Bauteilen, wie bspw. Rotorblätter einer Windkraftanlage, bei denen die Simulationsmethoden noch nicht vollends ausgereift sind, wird oftmals auf Rapid Prototyping Bauteile für Tests zurückgegriffen. Die Unterscheidung zwischen Rapid Prototyping und Rapid Manufacturing erfolgt hauptsächlich über die Stückzahl. So ist Rapid Prototyping eigentlich für Einzelfertigung gedacht, gelegentlich wird aber auch die Fertigung einer Kleinstserie so genannt.

Der Bereich des Rapid Toolings kann in zwei weitere Gruppen, das Prototype Tooling und das Direct Tooling, unterteilt werden (Umaras und Tsuzuki 2017). Das Prototype Tooling umfasst den Bereich der Prototypenwerkzeuge. Das heißt, dass Werkzeuge für konventionelle Bearbeitungsschritte durch additive Fertigung produziert und anschließend testweise eingesetzt werden. So können Investitionen und hohe Kosten für Sonderwerkzeuge besser und genauer bewertet werden. Beim Direct Tooling dagegen wird ein vollwertiges Werkzeug erzeugt. Häufig kommt das Direct Tooling im Bereich des Gussformen- oder Gussmodellbaus zum Einsatz. Hier werden zum Beispiel Gusskerne oder die Gussform direkt mittels additiver Fertigung erzeugt und anschließend genutzt (Gebhardt 2014, 14ff.). Die Produktivität einer Gießerei in der Einzelfertigung oder im Kleinserienbereich dadurch deutlich.

Dem Bereich des Rapid Manufacturing, auf welchen sich auch der Kern dieser Arbeit bezieht, umfasst sämtliche direkten, das heißt dem generischen Prozess aus Kapitel **Fehler! Verweisquelle konnte nicht gefunden werden.** folgenden, Fertigungsvorgänge für Kleinserien oder größere Stückzahlen. Diese Technologie kommt bereits in vielen verschiedenen Bereichen zum Einsatz.

Tabelle 2: Mögliche Anwendungsbereiche von Rapid Manufacturing

Anwendungsbereich	Beispiele	
	Gruppe	Bauteil
Automobilbau	Verkleidungsbauteile	Lüftungsauslässe im Fahrzeuginneren
	Motorteile	Einspritzdüsen, Motorblockteile, Kühlelemente
	Ersatzteile	Nachbildungen für Oldtimer
	Motorsport	High-End Bauteile (Zahnräder, Pumpenteile, Turbolader)
Luft- und Raumfahrt	Triebwerks-/Antriebskomponenten	Treibstoffdüsen
	Funktionsbaugruppen	Befestigung für Landeklappen
	Leichtbauteile, Sandwichbauteile, Inserts	Verkleidungen, Klappen
Medizintechnik	Dentalimplantate	Kronen, Zahnbrücken, Zahnersatz
	(Knochen-) Implantate	Knochenplatten, Schädeldeckenimplantate
	Prothesen	Prothesen für Gliedmaßen (z. B. Unterschenkelprothesen)
	Künstliche Gelenke	Hüftprothesen, Kniegelenke
	Labortechnik (Nanoprinting)	Lab-on-a-chip-Anwendungen (Mikrodiagnostik)
	Hörakustik	Cochlea-Implantate, angepasste Hörgeräte
Mass Customization	Baukastensysteme	Schuhe im Kundendesign
	Anpassungen	Individuelle Skischuhe
	Kundenkonfiguration	Werbemittel
	Sehhilfen	Herstellung individueller Brillen auch als reines Accessoire

Wissenschaft und Forschung	Herstellung von Forschungsobjekten	Herstellung von optischen Gittern, Linsenherstellung
	Herstellung von Testobjekten zur Modellverifizierung	Windturbinenblatt, Flugkörper
Bauwesen	Abwandlung von FDM mit Beton als Werkstoff	Herstellung von Bauelementen für Haus- und Brückenbau
Kunst, Kulturwesen	Reparatur	Wiederherstellungen von beschädigten Objekten
	Replikation	Nachbildung von zerstörten Objekten, Vervielfältigung von Statuen
Verarbeitende Industrie	Optimierung von Komponenten	Wärmetauscher, Gussbauteile
	Herstellung von embedded-electronics (in Bauteile integrierte Elektronik)	Bauteile mit integrierter Sensorik (Stempel mit integriertem Kraftmesser)
Wohnen	Inneneinrichtung (Interior design)	Beleuchtungseinrichtungen, Möbelstücke, Glasobjekte
Arbeitshilfen	Nutzerspezifische Arbeitsmittel	Nutzerspezifische Handgriffe an Werkzeugen und Bedienelementen
	Arbeitserleichterungen	Noonee (Sitzen im Stehen ohne Stuhl)

(Gibson et al. 2015; Richard et al. 2017; Lachmayer et al. 2019; Hagemann 2018; Kohlhuber et al. 2016)

Die in Tabelle 2 genannten Anwendungsbereiche sind lediglich einige der vielen verschiedenen Anwendungsbereiche von additiver Fertigung.

7. Bewertung der Lebensdauer gegenüber konventionell gefertigter Werkstücke

In diesem Abschnitt des Assignments soll die Lebensdauer additiv hergestellter Bauteile mit der Lebensdauer von konventionell hergestellten Bauteilen verglichen werden. Es sollen primär nicht die (statischen) mechanischen Festigkeitskennwerte, wie Streckgrenze, Bruchdehnung, usw., betrachtet werden.

Eine generelle Betrachtung von generativ erzeugten Bauteilen ist – auch bei gleichem Werkstoff – nicht zielführend, da das Herstellverfahren einen großen Einfluss auf die Werkstoffstruktur hat. So bestimmen besonders bei metallischen Werkstoffen die Korngrößen, das Gefüge und insbesondere Einschlüsse die Werkstoffeigenschaften. Durch unterschiedliche Temperaturen bei der Herstellung und unterschiedlich schnellen Abkühlungen kann sich das Gefüge nennenswert verändern und Poren entstehen. Unter anderem diese Poren verändern die Schwingfestigkeit einschlägig, wie in Abb. 8 gezeigt.

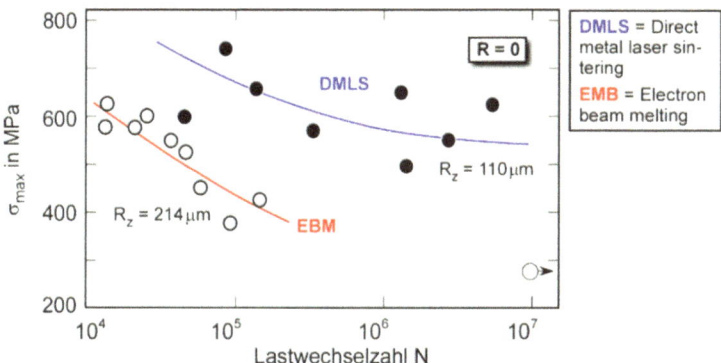

Abb. 8: Unterschiedliche Wöhlerkurven von Ti-6Al-4V-Werkstoffen mit herstellungsbedingt unterschiedlichen Oberflächenrauheiten (Richard et al. 2017, S. 262)

Für den Vergleich eines Bauteils aus Aluminiumdruckguss mit einem mittels SLM-Verfahren hergestellten Bauteils durch eine numerische Simulation nutzten Wöner et al. (in Richard et al. 2017) ein reales Serienbauteil. Als Abbruchkriterium wurde ein technischer Anriss von 1 mm Größe definiert. Das Aluminiumdruckgussbauteil erreichte diesen Punkt nach ca. 230 000 Schwingungen, das SLM-Bauteil nach 1 590 000 Zyklen. Beim anschließenden Versuch konnte die simulierte Zyklenzahl des SLM-Bauteils allerdings nicht erreicht werden; das Abbruchkriterium wurde bereits deutlich früher (zwischen 530 000 und 800 000 Zyklen) erreicht. Damit sind die Ergebnisse der beiden Bauteile sehr ähnlich (Abb. 9).

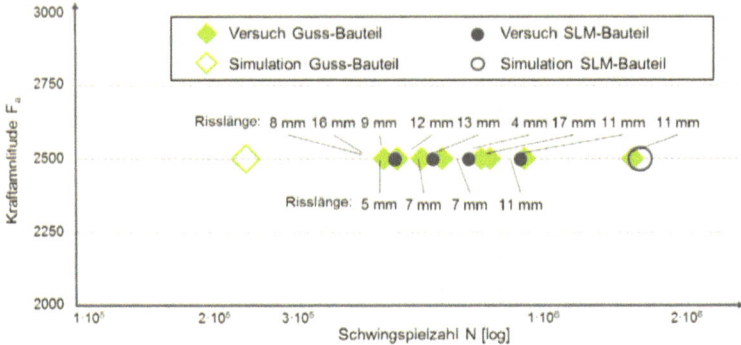

Abb. 9: Schwingversuch eines Bauteils aus Aluminium, (Richard et al. 2017, S. 16)

Die Untersuchungen von Wöner et al. zeigten, dass eine thermische Nachbehandlung des Bauteils aus AlSi10Mg, gefertigt durch SLM-Verfahren, nicht notwendig ist. Das Bauteil hat nach der Fertigung bereits ähnliche Festigkeitswerte wie D-AlSi11Cu2(Fe)-T5. Durch die deutlich rauere Oberfläche des SLM-Bauteils (hier ca. 58 µm) gegenüber dem Druckgussbauteil (ca. 12 µm) wird jedoch bei zyklischer Belastung die Rissbildung begünstigt, wodurch ähnliche Lastwechselgrenzen erreicht werden.

Für durch SLM erzeugte Edelstähle (316L) konnten Spierings et al. bereits 2013 zeigen, dass die Zyklenanzahl für einen Ermüdungsbruch zwar 25% geringer liegen als bei einem konventionell hergestellten Bauteil, jedoch war die Lebensdauer bei hohen Belastungen wiederum ähnlich. Es ist zu vermuten, dass auch hier Gefügeänderungseffekte eine Rolle spielen, da bei geringen Lasten zu Beginn eine spürbare Kaltverfestigung eintritt. Im feineren Gefüge des SLM-Bauteils ist dieser Prozess behindert.

Bei Versuchen mit Ti-6I-4V wurde 2017 durch Wu et al. gezeigt, dass ein durch SLM gefertigtes Bauteil ohne eine anschließende Wärmebehandlung nicht mit einem Bauteil aus konventioneller Fertigung vergleichbar war. Erst durch die spezielle Wärmebehandlung „hot isostatic pressure" (HIP) konnte die Lastzyklengrenze auf ein ähnliches Niveau angehoben werden. Dahingegen zeigt SLM-gefertigtes Ti-6Al-4V eine höhere Widerstandsfähigkeit gegenüber statischen Lasten. Gleichzeitig deformierte sich die Probe im Gegensatz zur konventionell gefertigten Probe deutlich weniger, bis es zum Versagen kam.

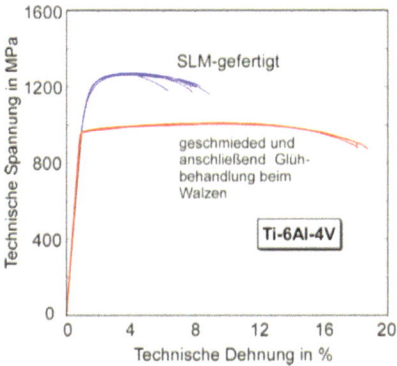

Abb. 10: Spannungs-Dehnungs-Kurven für Ti-6Al-4V, aus (Richard et al. 2017, S. 245)

Diese Eigenschaft des additiv gefertigten Bauteils kann gezielt bei Anwendungen, zum Beispiel bei Hüftprothesen, eingesetzt werden, bei denen trotz (quasi-) statischer Belastung nur eine eine geringe Dehnung erlaubt ist.

Für das hoch legierte Material Inconel 718 konnten durch Konečná et al. gezeigt werden, dass die Lastwechselanzahl bis zum Versagen deutlich geringer lag als bei konventionell gefertigtem Material (s. Abb. 11).

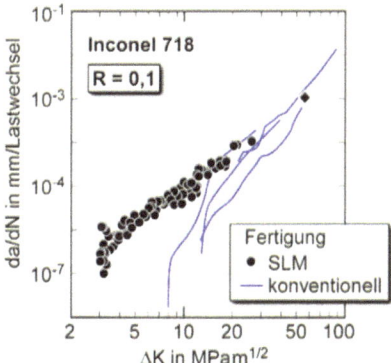

Abb. 11: Vergleich von Risswachstumseigenschaften von SLM- und konventionell gefertigten Inconel 718, aus (Richard et al. 2017, S. 256)

Für die additive Fertigung von thermoplastischen Kunststoffen wie Polyamide können unter anderem die beiden Verfahren FDM und SLS eingesetzt werden. In einer Untersuchung von PA6, gefertigt durch diese beiden Verfahren, konnte gezeigt werden, dass die Bauteile des FDM-Verfahrens gegenüber den SLS-Bauteilen eine geringere zyklische Belastbarkeit aufweisen. Jedoch wurde in der vorliegenden Untersuchung auch festgestellt, dass die SLS-Bauteile nicht das Niveau von konventionell gefertigten Bauteilen aufweisen (Richard et al. 2017, S. 149–155).

Beim Vergleich von PA12-Bauteilen, hergestellt durch SLS und durch Spritzguss, zeigt sich für die SLS-Bauteile eine deutlich geringere Bruchdehnung (mit Sprödbruch) in Verbindung mit einem höheren E-Modul. Es kann daher vermutet werden, dass die SLS-Bauteile bei einer zyklischen Belastung vor den Spritzgussbauteilen Schaden nehmen. Die SLS-Bauteile weisen „prozessbedingt [eine] deutlich größere sphärolithische Struktur[en] und eine insgesamt höhere Kristallinität" (Schmid 2016, S. 22) auf, wodurch eine Verringerung der möglichen Lastspiele entsteht.

Allerdings werden Bauteile nicht nur durch mechanische Einflüsse beansprucht. Auch Umwelteinflüsse sind relevant. In einer Untersuchung zur Korrosionsbeständigkeit eines additiv und durch Guss gefertigten Bauteils konnten Leon et al. zeigen, dass das Korrosionsverhalten eines durch SLM-gefertigten Bauteils deutlich besser ist. Die Vorteile des SLM-Bauteils entstehen, nach Aussage der Autoren, vornehmlich durch ein homogeneres Gefüge mit weniger Einschlüssen und Materialdefekten, die bei normalem Schwerkraftguss häufig auftreten können.

8. Zusammenfassung

Im vorliegenden Assignment wurde zu Beginn der Begriff „additive Fertigung" definiert und zu konventionellen Fertigungsverfahren abgegrenzt. Aufbauend auf dieser Definition wurden anschließend die diversen Fertigungstechnologien vorgestellt und systematisiert. Da die verschiedenen Verfahren verschiedene Werkstoffe verarbeiten können, wurden folgend die Werkstoffe sowie die erreichbare Genauigkeit der Verfahren dargestellt. Eine generelle Festlegung der Genauigkeit war an dieser Stelle nicht möglich, da die Verarbeitungsqualität und damit die Genauigkeit primär von der Verarbeitungsmaschine abhängt.

Aufbauend auf diesen Grundlagen wurde der generische Prozess zur Fertigung eines Bauteils durch generative Verfahren gezeigt. Da sich die verschiedenen Verfahren zwar ähneln, jedoch nicht vollends gleich sind, wurde ein typisches Verfahren gewählt und in den generischen Prozess beispielhaft eingesetzt.

Für die Darstellung der Vor- und Nachteile eines additiv gefertigten Bauteils gegenüber einem konventionell hergestellten, wurde eine Unterteilung in die Bereiche Konstruktion und Fertigung sowie Nutzung eingeführt. Die Abwägung der Vor- und Nachteile führte hier zu keinem dezidierten Ergebnis und sollte individuell, je nach Anforderungen, geprüft werden. Für eine grobe Vorstellung der möglichen Anforderungen wurden anschließend, in einer nicht abschließenden Liste, Anwendungsbereiche aufgezeigt.

Den letzten Teil der Arbeit bildete ein Vergleich der Lebensdauer von additiv gefertigten Produkten mit konventionell gefertigten. Anhand der vorliegenden Literatur konnten verschiedene Vergleiche gezeigt, jedoch nur bedingt quantifiziert werden. Da auch die Randbedingungen, wie Oberflächenrauheit, Wärmebehandlung, Belastungsrichtung, usw., erhebliche Einflussgrößen für die Lebensdauer darstellen, konnte keine pauschale Aussage zum Vergleich getroffen werden.

9. Ausblick und Abschlussbetrachtung

Eine große Herausforderung im Rahmen dieser Arbeit war die Fülle an verfügbarer Literatur. Der Fokus lag auf aktueller Literatur, das heißt jünger als fünf Jahre, um die, mit unter großen, Entwicklungen der letzten Jahre zu erfassen. Dennoch war auch nach der Eingrenzung noch viel Literatur zu sichten und zu bewerten. Eine Herausforderung hierbei war es, zu bewerten, ob die enthaltenen Informationen ausreichend detailliert und gleichwohl ausreichend abstrakt waren. Einige Quellen waren aufgrund eines zu detaillierten Betrachtungsbereichs nicht nutzbar und mussten verworfen werden. Insgesamt konnte dennoch eine gute Mischung aus aktuellen Beiträgen aus Fachzeitschriften und Grundlagenliteratur, wie Fachbüchern, erreicht werden.

Die Erkenntnis, dass keine generellen Genauigkeitswerte für die einzelnen Verfahren, ähnlich wie für trennende Verfahren, verfügbar sind, konnte nur widerwillig akzeptiert werden. Eine Anfrage nach den erreichbaren Genauigkeiten bei den vielen verschiedenen Anlagenherstellern hätte den Rahmen des Assignments jedoch gesprengt. Dies war ebenfalls bei der Nennung der Anwendungsgebiete der Fall. Da sich die additive Fertigung bereits in sehr vielen Anwendungsbereichen findet, wurde Wert auf repräsentative und ausreichend aussagekräftige Beispiele gelegt.

Für den letzten Teil, den Vergleich der Lebensdauer, wurde der Fokus auf zyklische Belastungen gelegt, da eine rein statische Belastung für additiv gefertigte Bauteile sehr selten auftritt. Generativ gefertigte Komponenten finden sich derzeit noch hauptsächlich in höherwertigen, komplexen Bauteilen (Prothesen, Kraftstoffdüsen, usw.), die ein gewisses Mindestkonstruktionstechnikniveau aufweisen. Das bedeutet, dass ein einfacher IPB-Träger für statische Belastungen im Rahmen des Rapid Manufacturings nicht (wirtschaftlich sinnvoll) erzeugt werden wird. Ergo ist das Verhalten generativ hergestellter Bauteile bei zyklischen Belastungen von höherem Interesse als bei statischen Belastungen.

Eine generelle Herausforderung dieser Arbeit war die Verknüpfung von vorhandenem Wissen des Autors in den Bereichen Fertigungstechnik und Werkstoffkunde mit den Aufgabenstellungen und der Literatur. So wurden, trotz der eigenen Kenntnisse, die relevanten Quellen aufwendig ermittelt und (zusätzlich) angegeben.

Die Entwicklungspotenziale von additiver Fertigung wurden im vorliegenden Assignment bereits oft erwähnt. Auch die Literatur ist überzeugt, dass durch die Weiterentwicklung der Produktionsmaschinen, insbesondere hinsichtlich Energie- und Rohstoffeffizienz und Ausbringungsmenge, die Anlagen für komplexe Bauteile die konventionellen Bearbeitungsmaschinen verdrängen können. Wie bereits durch GE gezeigt wurde und entgegen der verbreiteten Meinung, sind diese Maschinen serientauglich und können sich für bestimmte Bauteile bereits heute lohnen. Die laufende Entwicklung von Werkstoffen wird das Potenzial der Anlagen zusätzlich vergrößern und ein breiteres Anwendungsgebiet ermöglichen. Ein neues Anwendungsgebiet, an dem bereits geforscht wird, könnte beispielsweise die Fertigung von lebendem Biomaterial, wie Organen, sein. Es ist abzuwarten, wie sich insbesondere dieser Werkstoff im Zielkonflikt der ethnischen Diskussion und den entstehenden Möglichkeiten entwickelt.

10. Anhang

Tabelle 3: AM-Verfahren

Abkür-zung	Bedeutung	Funktionsweise
SLA	Stereolithography	Ein UV-Laser schreibt die gewünschte Schichtinformation (Bauteilgeometrie) in ein Bad aus UV-aushärtendem Polymergrundstoff.
DLP	Digital Light Processing	Die Form wird (pro Schicht) als Ganzes mit einem UV-Projektor schichtweise in UV-aushärtenden Polymergrundstoff projiziert. Das Werkstück bewegt sich aus dem Bad heraus statt hinein.
CDLP	Continuous Digital Light Processing	Ähnlich DLP, jedoch härtet der Polymergrundstoff durch LED-Licht und Sauerstoff aus.
FDM	Fused Deposition Modelling	Ein Kunststofffilament (also ein Kunststofffaden) wird durch eine beheizte Düse geführt und im erwärmten Zustand mit dem entstehenden Bauteil verbunden.
APF	Arburg Plastic Freeforming	Vergleichbar zu FDM, jedoch mit Kunststoffgranulat für Druck-/Spritzgussmaschinen betrieben. Die Düse produziert winzige Tropfen und trägt diese auf einen Werkstückträger auf.
LOM	Laminated Object Manufacturing	Schichtweises Ausschneiden der Kontur aus Papier und Verkleben mit der nächsten Schicht.
LENS	Laser Engineering Net Shape	Metallpulver wird in einen Laserstrahl gegeben, dort geschmolzen und an das Werkstück angefügt.
EBAM	Electronic Beam Additive Manufacturing	Ähnlich LENS, jedoch erfolgt der Energieeintrag durch einen Elektronenstrahl unter Vakuum.

BJ	Binder Jetting	Ein geeigneter Binder wird mit einem Druckkopf in ein Pulversubstrat gedruckt. Die Partikel werden dadurch miteinander verklebt.
MJM	Multi Jet Modelling	Geschmolzene Wachse oder Thermoplaste werden durch mehrere linear angeordnete Druckdüsen (ähnlich Tintenstrahldruck) aufgetragen.
PJ	Poly Jetting	Geschmolzene Wachse werden durch einen Druckkopf geführt (ähnlich wie beim Tintenstrahldruck). Die Wachstropfen verfestigen sich beim Ablegen.
NPJ	Nano Particle Jetting	Winzige Partikel werden über eine Flüssigkeitsschicht aufgetragen. Die Flüssigkeit wird mit hoher Temperatur entfernt und die Partikel verbunden.
DOD	Drop on Demand	Vergleichbar mit PJ, jedoch wird der Werkstoff durch eine kleine Kapillardüse aufgetragen und durch Unterdruck zurückgehalten. Dadurch kann eine höhere Genauigkeit erzielt werden.
DMD	Direct Metal Deposition	Ein feiner Metallpulverstrahl wird in den Fokus eines Lasers gesprüht und lokal verschweißt.
MJF	Multi Jet Fusion	Eine wärmeleitende Flüssigkeit (Fusig Agent) wird auf ein Materialbett aufgetragen und über Infrarotlicht erhitzt. Eine weniger wärmeleitende Flüssigkeit (Detailing Agent) schützt die Randbereiche.
SLS	Selective Laser Sintering	
SLM	Selective Laser Melting	Durch den Energieeintrag durch einen Laser werden Pulverpartikel lokal verschmolzen.
DMLS	Direct Metal Laser Sintering	
EBM	Electron Beam Melting	Durch den Energieeintrag eines Elektronenstrahls werden Pulverpartikel lokal verschmolzen (verschweißt).

V. Literaturverzeichnis

Beuth Verlag GmbH: Additive Fertigung. Online verfügbar unter
https://www.beuth.de/de/themenseiten/additive-fertigungsverfahren, zuletzt geprüft am 10.03.2020.

Bierdel, Marius; Pfaff, Aron; Kilchert, Sebastian Dr.; Köhler, Andreas R. Dr.; Baron, Yifaat; Bulach,
Winfried Dr.-Ing.: VDI ZRE Studie: Ökologische und ökonomische Bewertung des Ressourcenaufwands.
Additive Fertigungsverfahren in der industriellen Produktion. Hg. v. VDI Zentrum Ressourceneffizienz
GmbH. Berlin. Online verfügbar unter https://www.ressource-
deutschland.de/fileadmin/user_upload/downloads/studien/VDI_ZRE_Studie_Additive_Fertigungsverfahre
n_bf.pdf, zuletzt geprüft am 14.04.2020.

Böckin, Daniel; Tillman, Anne-Marie (2019): Environmental assessment of additive manufacturing in the
automotive industry. In: *Journal of Cleaner Production* 226, S. 977–987. DOI:
10.1016/j.jclepro.2019.04.086.

DIN 8580, 2003: DIN 8580:2003-09, Fertigungsverfahren- Begriffe, Einteilung. Online verfügbar unter
https://www.beuth.de/de/norm/din-8580/65031153, zuletzt geprüft am 29.03.2020.

Fritz, Alfred Herbert (Hg.) (2018): Fertigungstechnik. 12., neubearbeitete und ergänzte Auflage. Berlin:
Springer Vieweg (Springer-Lehrbuch). Online verfügbar unter http://dx.doi.org/10.1007/978-3-662-56535-
3.

Gebhardt, Andreas (2012): Understanding additive manufacturing. Rapid prototyping, rapid tooling, rapid
manufacturing. Munich, Cincinnati: Hanser Publishers.

Gebhardt, Andreas (2014): 3D-Drucken. Grundlagen und Anwendungen des Additive Manufacturing
(AM). München: Hanser (Hanser eLibrary).

Gibson, Ian; Rosen, David; Stucker, Brent (2015): Additive Manufacturing Technologies. 3D Printing,
Rapid Prototyping, and Direct Digital Manufacturing. 2nd ed. 2015. New York, NY: Springer New York.

Hagemann, Ronny (2018): Additive Fertigung von Nickel-Titan-Mikroaktoren für Cochlea-Implantate.
Dissertation. Gottfried Wilhelm Leibniz Universität, Hannover. Online verfügbar unter http://nbn-
resolving.org/urn:nbn:de:101:1-2019012415174897379926.

Kohlhuber, Martina; Kage, Martin; Karg, Michael (Hg.) (2016): Additive Fertigung. Deutsche Akademie
der Naturforscher Leopoldina; Union der Deutschen Akademien der Wissenschaften. 1. Auflage.
München, Halle (Saale), Mainz: acatech - Deutsche Akademie der Technikwissenschaften; Deutsche
Akademie der Naturforscher Leopoldina e.V. - Nationale Akademie der Wissenschaften; Union der
Deutschen Akademien der Wissenschaften e.V (Stellungnahme). Online verfügbar unter
https://www.leopoldina.org/uploads/tx_leopublication/2016_Stellungnahme_AdditiveFertigung.pdf, zuletzt
geprüft am 14.04.2020.

Lachmayer, Roland; Lippert, Rene Bastian; Kaierle, Stefan (2019): Konstruktion Für Die Additive Fertigung 2018. Berlin, Heidelberg: Springer Vieweg. in Springer Fachmedien Wiesbaden GmbH.

Leon, Avi; Shirizly, Amnon; Aghion, Eli (2016): Corrosion Behavior of AlSi10Mg Alloy Produced by Additive Manufacturing (AM) vs. Its Counterpart Gravity Cast Alloy. In: *Metals* 6 (7), S. 148. DOI: 10.3390/met6070148.

Lieneke, Tobias; Denzer, Vera; Adam, Guido A.O.; Zimmer, Detmar (2016): Dimensional Tolerances for Additive Manufacturing. Experimental Investigation for Fused Deposition Modeling. In: *Procedia CIRP* 43, S. 286–291. DOI: 10.1016/j.procir.2016.02.361.

Mendricky, Radomir (2016): ACCURACY ANALYSIS OF ADDITIVE TECHNIQUE FOR PARTS MANUFACTURING. In: *MM SJ* 2016 (05), S. 1502–1508. DOI: 10.17973/MMSJ.2016_11_2016169.

Moritz, Tassilo Dr. (Hg.): Industrieloesungen Additive Fertigung. Fraunhofer-Institut für Keramische Technologien und Systeme IKTS. Dresden. Online verfügbar unter https://www.ikts.fraunhofer.de/content/dam/ikts/downloads/profile/IKTS_Industrieloesungen_Additive_Fer tigung.pdf, zuletzt geprüft am 13.04.2020.

Müller, Bernhard Dr.-Ing. (2020): Werkstoffe. Vom Werkstoff zum Bauteil mit System. Fraunhofer-Institut für Werkzeugmaschinen und Umformtechnik. Dresden. Online verfügbar unter https://www.generativ.fraunhofer.de/de/forschungsthemen/werkstoffe.html#tabpanel-2, zuletzt geprüft am 09.04.2020.

Niu, Xiaodong; Singh, Surinder; Garg, Akhil; Singh, Harpreet; Panda, Biranchi; Peng, Xiongbin; Zhang, Qiujuan (2019): Review of materials used in laser-aided additive manufacturing processes to produce metallic products. In: *Front. Mech. Eng.* 14 (3), S. 282–298. DOI: 10.1007/s11465-019-0526-1.

Poll, Dietmar (2019): Wo die additive Fertigung die konventionelle schlägt. Hg. v. verlag moderne industrie GmbH. Landsberg. Online verfügbar unter https://www.produktion.de/trends-innovationen/wo-die-additive-fertigung-die-konventionelle-schlaegt-123.html, zuletzt aktualisiert am 10.04.2020, zuletzt geprüft am 13.04.2020.

Richard, Hans Albert; Schramm, Britta; Zipsner, Thomas (2017): Additive Fertigung von Bauteilen und Strukturen / Hans Albert Richard, Britta Schramm, Thomas Zipsner (Hrsg.). Wiesbaden: Springer Vieweg.

Schmid, Manfred (2016): Additive Fertigung mit Selektivem Lasersintern (SLS): Springer Fachmedien Wiesbaden (Essentials). Online verfügbar unter https://link-springer-com.gw.akad-d.de/content/pdf/10.1007/s11465-019-0526-1.pdf.

Spierings, A. B.; Starr, T. L.; Wegener, K. (2013): Fatigue performance of additive manufactured metallic parts. In: *Rapid prototyping journal* 19 (2), S. 88–94. DOI: 10.1108/13552541311302932.

Sulzer AG (Hg.): Additive Fertigungstechnologien. Online verfügbar unter https://www.sulzer.com/germany/-/media/images/about-us/sulzer-technical-review/str/2018-issue-2/str_02_2018_additive_manufacturing_001_overview_additive_manufacturing_technologies_de_1920.a

shx?mw=1200&hash=ECB2D94949F60D77F75678E3C5E8AFFA7942B896, zuletzt geprüft am
29.03.2020.

Umaras, Eduardo; Tsuzuki, Marcos S.G. (2017): Additive Manufacturing - Considerations on Geometric
Accuracy and Factors of Influence. In: *IFAC-PapersOnLine* 50 (1), S. 14940–14945. DOI:
10.1016/j.ifacol.2017.08.2545.

Winick, Erin (2017): Additive Manufacturing in the Aerospace Industry. From jets to rockets, 3D printing is
becoming the go-to tech for engine parts. Online verfügbar unter
https://www.engineering.com/AdvancedManufacturing/ArticleID/14218/Additive-Manufacturing-in-the-
Aerospace-Industry.aspx, zuletzt aktualisiert am 31.01.2017, zuletzt geprüft am 19.04.2020.

Wu, Ming-Wei; Chen, Jhewn-Kuang; Lin, Bo-Huan; Chiang, Po-Hsing (2017): Improved fatigue
endurance ratio of additive manufactured Ti-6Al-4V lattice by hot isostatic pressing. In: *Materials &
Design* 134, S. 163–170. DOI: 10.1016/j.matdes.2017.08.048.

BEI GRIN MACHT SICH IHR WISSEN BEZAHLT

- Wir veröffentlichen Ihre Hausarbeit, Bachelor- und Masterarbeit

- Ihr eigenes eBook und Buch - weltweit in allen wichtigen Shops

- Verdienen Sie an jedem Verkauf

Jetzt bei www.GRIN.com hochladen und kostenlos publizieren